Helga Vogel: Der Zehnerübergang

Inhalt

I Das können wir schon!
- Zahlen addieren – mit dem Ergebnis 10 .... 1/2
- Zahlen subtrahieren – mit dem Ergebnis 10 .... 3/4
- Zahlen zu 10 addieren 5/6
- Zahlen von 10 subtrahieren 7/8
- Wir zerlegen die Zahlen 2, 3, 4 und 5 9
- Wir zerlegen die Zahlen 6 und 7 10
- Wir zerlegen die Zahl 8 11
- Wir zerlegen die Zahl 9 12
- Wir zerlegen die Zahl 10 13

II Wir überschreiten den Zehner – Addition
- Wir rechnen 9 + 1 + □ = ... 14/15
- Wir rechnen 8 + 2 + □ = ... 16/17
- Wir rechnen 7 + 3 + □ = ... 18/19
- Wir rechnen 6 + 4 + □ = ... 20
- Wir rechnen 5 + 5 + □ = ... 21
- Wir rechnen 4 + 6 + □ = ... 22
- Wir rechnen 9 + □ + □ = ... 23
- Wir rechnen 8 + □ + □ = ... 24
- Wir rechnen 7 + □ + □ = ... 25
- Wir rechnen 6 + □ + □ = ... 26
- Wir rechnen 5 + □ + □ = ... 27
- Wir rechnen 4 + □ + □ = ... 28
- Gemischte Aufgaben – Addition 29/30
- Aufgaben für Profis – Addition 31
- Aufgabe und Tauschaufgabe – Addition 32
- Wir schreiben Aufgabe und Rechnung (Test) – Addition 33

III Wir überschreiten den Zehner – Subtraktion
- Wir rechnen 11 – 1 – □ = ... 34/35
- Wir rechnen 12 – 2 – □ = ... 36/37
- Wir rechnen 13 – 3 – □ = ... 38/39
- Wir rechnen 14 – 4 – □ = ... 40
- Wir rechnen 15 – 5 – □ = ... 41
- Wir rechnen 16 – 6 – □ = ... 42
- Wir rechnen 11 – □ – □ = ... 43
- Wir rechnen 12 – □ – □ = ... 44
- Wir rechnen 13 – □ – □ = ... 45
- Wir rechnen 14 – □ – □ = ... 46
- Wir rechnen 15 – □ – □ = ... 47
- Wir rechnen 16 – □ – □ = ... 48
- Gemischte Aufgaben – Subtraktion 49/50
- Aufgaben für Profis – Subtraktion 51
- Wir schreiben Aufgabe und Rechnung (Test) – Subtraktion ... 52

IV Mathe-Orden 53

V Lösungen 54–66

Zahlen addieren – mit dem Ergebnis 10

1 + 9 = _____

2 + 8 = _____

3 + 7 = _____

4 + 6 = _____

5 + 5 = _____

Zahlen addieren – mit dem Ergebnis 10

9 + 1 = _____

8 + 2 = _____

7 + 3 = _____

6 + 4 = _____

5 + 5 = _____

Zahlen subtrahieren – mit dem Ergebnis 10

11 – 1 = ____

12 – 2 = ____

13 – 3 = ____

14 – 4 = ____

15 – 5 = ____

Zahlen subtrahieren – mit dem Ergebnis 10

16 − 6 = _____

17 − 7 = _____

18 − 8 = _____

19 − 9 = _____

20 − 10 = _____

Zahlen zu 10 addieren

10 + 1 = _____

10 + 4 = _____

10 + 7 = _____

10 + 5 = _____

10 + 3 = _____

Zahlen zu 10 addieren

10 + 2 = _____

10 + 8 = _____

10 + 6 = _____

10 + 9 = _____

10 + 10 = _____

Zahlen von 10 subtrahieren

10 – 1 = _____

10 – 2 = _____

10 – 3 = _____

10 – 4 = _____

10 – 5 = _____

Zahlen von 10 subtrahieren

OOOO⌀ ⌀⌀⌀⌀⌀   10 – 6 = _____

OOO⌀⌀ ⌀⌀⌀⌀⌀   10 – 7 = _____

OO⌀⌀⌀ ⌀⌀⌀⌀⌀   10 – 8 = _____

O⌀⌀⌀⌀ ⌀⌀⌀⌀⌀   10 – 9 = _____

⌀⌀⌀⌀⌀ ⌀⌀⌀⌀⌀   10 – 10 = _____

Wir zerlegen die Zahlen 2, 3, 4 und 5

2 = ☐ + ☐   ○ ◍

3 = ☐ + ☐   ○ ◍◍

3 = ☐ + ☐   ○○ ◍

4 = ☐ + ☐   ○ ◍◍◍

4 = ☐ + ☐   ○○ ◍◍

4 = ☐ + ☐   ○○○ ◍

5 = ☐ + ☐   ○ ◍◍◍◍

5 = ☐ + ☐   ○○ ◍◍◍

5 = ☐ + ☐   ○○○ ◍◍

5 = ☐ + ☐   ○○○○ ◍

Wir zerlegen die Zahlen 6 und 7

6 = ☐ + ☐

6 = ☐ + ☐

6 = ☐ + ☐

6 = ☐ + ☐

6 = ☐ + ☐

7 = ☐ + ☐

7 = ☐ + ☐

7 = ☐ + ☐

7 = ☐ + ☐

7 = ☐ + ☐

7 = ☐ + ☐

Wir zerlegen die Zahl 8

8 = ☐ + ☐   ○ ●●●●●●●

8 = ☐ + ☐   ○○ ●●●●●●

8 = ☐ + ☐   ○○○ ●●●●●

8 = ☐ + ☐   ○○○○ ●●●●

8 = ☐ + ☐   ○○○○○ ●●●

8 = ☐ + ☐   ○○○○○○ ●●

8 = ☐ + ☐   ○○○○○○○ ●

Wir zerlegen die Zahl 9

9 = ☐ + ☐

9 = ☐ + ☐

9 = ☐ + ☐

9 = ☐ + ☐

9 = ☐ + ☐

9 = ☐ + ☐

9 = ☐ + ☐

9 = ☐ + ☐

Wir zerlegen die Zahl 10

10 = ☐ + ☐

10 = ☐ + ☐

10 = ☐ + ☐

10 = ☐ + ☐

10 = ☐ + ☐

10 = ☐ + ☐

10 = ☐ + ☐

10 = ☐ + ☐

10 = ☐ + ☐

Wir rechnen 9 + 1 + ☐ =

⚪⚪⚪⚪⚪ ⚪⚪⚪⚪◍
◍

9 + [2] = ____
9 + [1] + ☐ = ____

⚪⚪⚪⚪⚪ ⚪⚪⚪⚪◍
◍◍

9 + [3] = ____
9 + [1] + ☐ = ____

⚪⚪⚪⚪⚪ ⚪⚪⚪⚪◍
◍◍◍

9 + [4] = ____
9 + [1] + ☐ = ____

⚪⚪⚪⚪⚪ ⚪⚪⚪⚪◍
◍◍◍◍

9 + [5] = ____
9 + [1] + ☐ = ____

Wir rechnen 9 + 1 + ☐ =

9 + [6] = ____

9 + [1] + [ ] = ____

9 + [7] = ____

9 + [1] + [ ] = ____

9 + [8] = ____

9 + [1] + [ ] = ____

9 + [9] = ____

9 + [1] + [ ] = ____

Wir rechnen 8 + 2 + ☐ =

8 + [3] = ____

8 + [2] + ☐ = ____

8 + [4] = ____

8 + [2] + ☐ = ____

8 + [5] = ____

8 + [2] + ☐ = ____

8 + [6] = ____

8 + [2] + ☐ = ____

Wir rechnen 8 + 2 + ☐ =

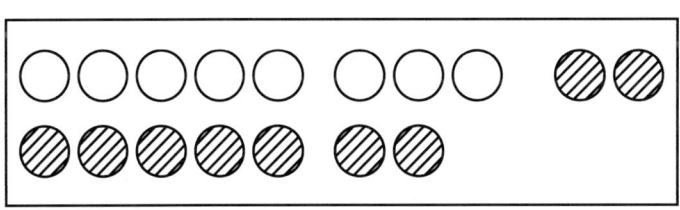

8 + [7] = ____

8 + [2] + ☐ = ____

8 + [8] = ____

8 + [2] + ☐ = ____

8 + [9] = ____

8 + [2] + ☐ = ____

8 + [10] = ____

8 + [2] + ☐ = ____

Wir rechnen 7 + 3 + ☐ =

7 + [4] = ___

7 + [3] + ☐ = ___

7 + [5] = ___

7 + [3] + ☐ = ___

7 + [6] = ___

7 + [3] + ☐ = ___

7 + [7] = ___

7 + [3] + ☐ = ___

Wir rechnen 7 + 3 + ☐ =

7 + [8] = ____

7 + [3] + ☐ = ____

7 + [9] = ____

7 + [3] + ☐ = ____

7 + [10] = ____

7 + [3] + ☐ = ____

Wir rechnen 6 + 4 + ☐ =

6 + [5] = ____
6 + [4] + ☐ = ____

6 + [6] = ____
6 + [4] + ☐ = ____

6 + [7] = ____
6 + [4] + ☐ = ____

6 + [8] = ____
6 + [4] + ☐ = ____

Wir rechnen 5 + 5 + ☐ =

5 + [6] = ____

5 + [5] + ☐ = ____

5 + [7] = ____

5 + [5] + ☐ = ____

5 + [8] = ____

5 + [5] + ☐ = ____

5 + [9] = ____

5 + [5] + ☐ = ____

Wir rechnen 4 + 6 + ☐ =

○○○○ ⊘ ⊘⊘⊘⊘⊘ ⊘	4 + [7] = ____ 4 + [6] + ☐ = ____
○○○○ ⊘ ⊘⊘⊘⊘⊘ ⊘⊘	4 + [8] = ____ 4 + [6] + ☐ = ____
○○○○ ⊘ ⊘⊘⊘⊘⊘ ⊘⊘⊘	4 + [9] = ____ 4 + [6] + ☐ = ____
○○○○ ⊘ ⊘⊘⊘⊘⊘ ⊘⊘⊘⊘	4 + [10] = ____ 4 + [6] + ☐ = ____

H. Vogel: Der Zehnerübergang
© Persen Verlag

Wir rechnen 9 + ☐ + ☐ =

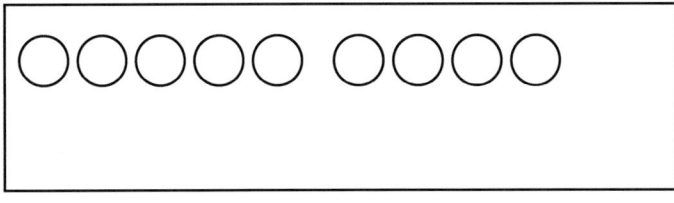

Male die fehlenden Plättchen dazu.

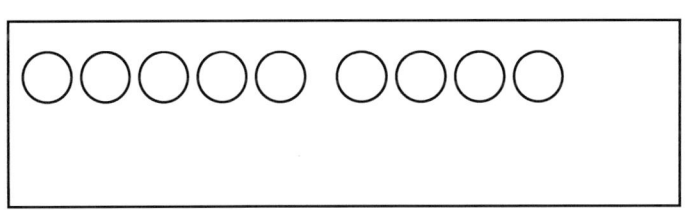

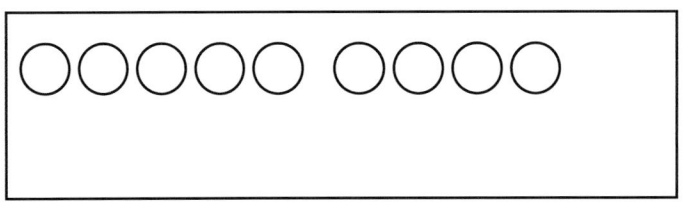

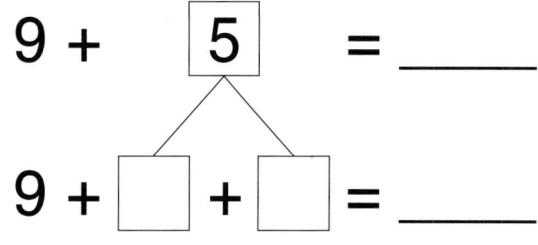

Wir rechnen 8 + ☐ + ☐ =

○○○○○○○○ ◍◍◍   8 + [3] = ___

8 + ☐ + ☐ = ___

Male die fehlenden Plättchen dazu.

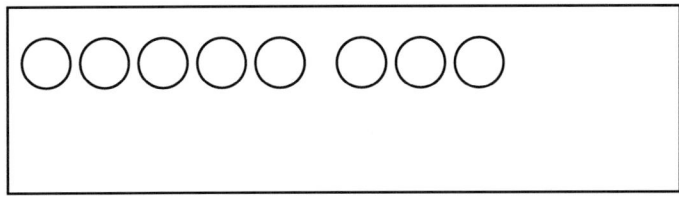

8 + [4] = ___

8 + ☐ + ☐ = ___

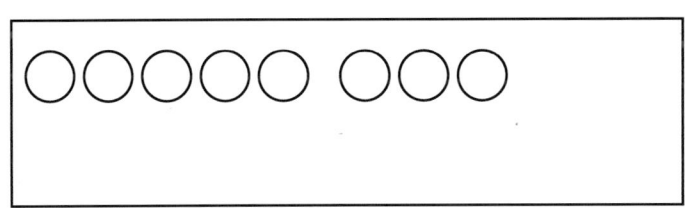

8 + [5] = ___

8 + ☐ + ☐ = ___

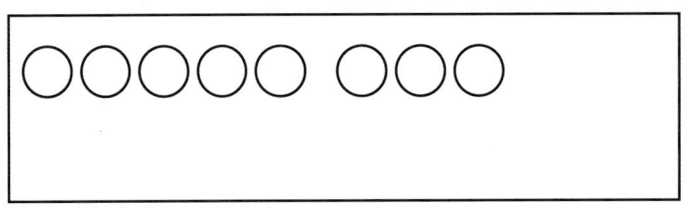

8 + [6] = ___

8 + ☐ + ☐ = ___

Wir rechnen 7 + ☐ + ☐ =

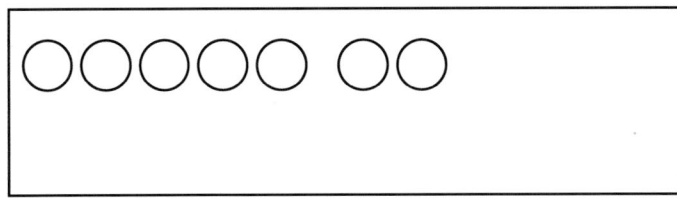

7 + [4] = ____

7 + ☐ + ☐ = ____

Male die fehlenden Plättchen dazu.

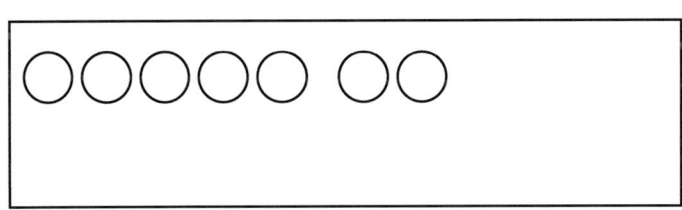

7 + [5] = ____

7 + ☐ + ☐ = ____

7 + [6] = ____

7 + ☐ + ☐ = ____

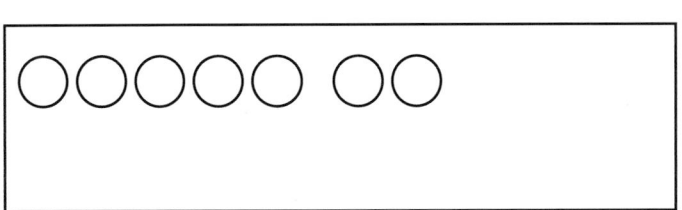

7 + [7] = ____

7 + ☐ + ☐ = ____

H. Vogel: Der Zehnerübergang
© Persen Verlag

Wir rechnen 6 + ☐ + ☐ =

○○○○○ ○ ⊘⊘⊘⊘
⊘⊘⊘

6 + [6] = ____

6 + ☐ + ☐ = ____

Male die fehlenden Plättchen dazu.

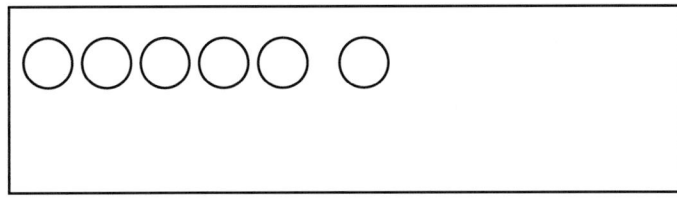

6 + [7] = ____

6 + ☐ + ☐ = ____

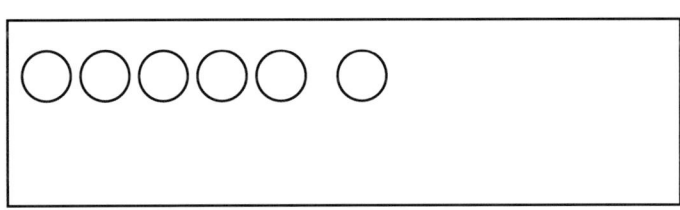

6 + [8] = ____

6 + ☐ + ☐ = ____

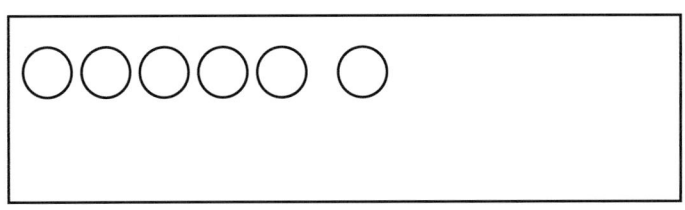

6 + [9] = ____

6 + ☐ + ☐ = ____

Wir rechnen 5 + ☐ + ☐ =

5 + 6 = ____

5 + ☐ + ☐ = ____

Male die fehlenden Plättchen dazu.

5 + 7 = ____

5 + ☐ + ☐ = ____

5 + 8 = ____

5 + ☐ + ☐ = ____

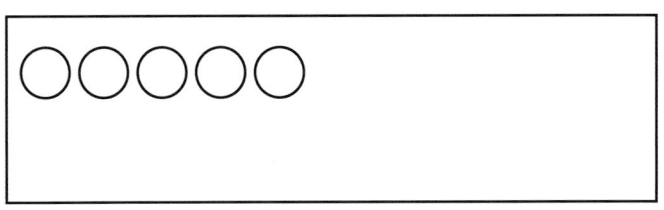

5 + 9 = ____

5 + ☐ + ☐ = ____

H. Vogel: Der Zehnerübergang
© Persen Verlag

Wir rechnen $4 + \square + \square =$

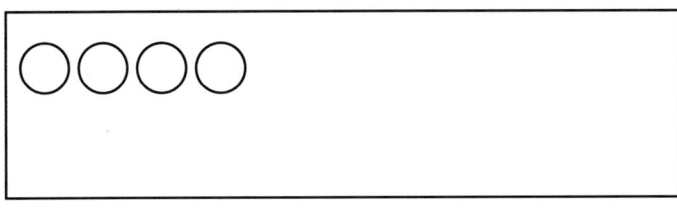

$4 + \boxed{7} =$ ____

$4 + \square + \square =$ ____

Male die fehlenden Plättchen dazu.

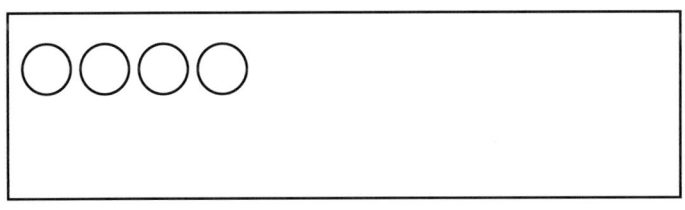

$4 + \boxed{8} =$ ____

$4 + \square + \square =$ ____

$4 + \boxed{9} =$ ____

$4 + \square + \square =$ ____

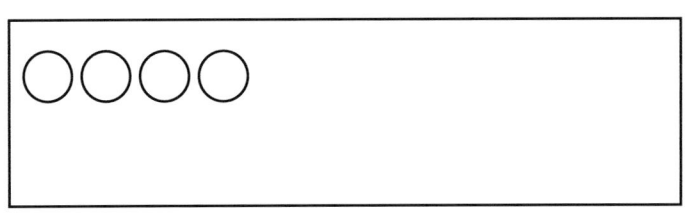

$4 + \boxed{10} =$ ____

$4 + \square + \square =$ ____

Gemischte Aufgaben – Addition

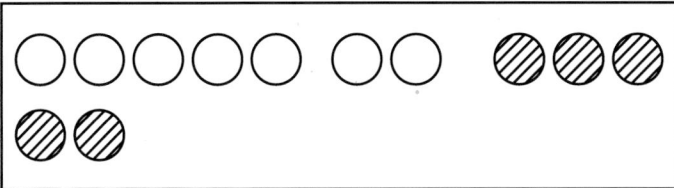

$7 + \boxed{5} = \underline{}$

$7 + \boxed{} + \boxed{} = \underline{}$

Male die fehlenden Plättchen dazu.

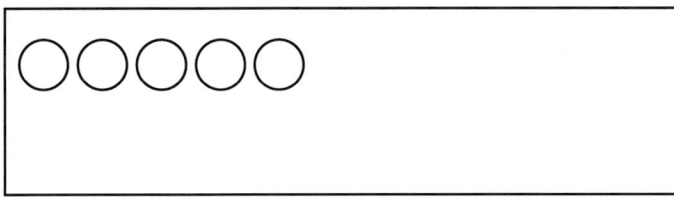

$5 + \boxed{8} = \underline{}$

$5 + \boxed{} + \boxed{} = \underline{}$

$9 + \boxed{4} = \underline{}$

$9 + \boxed{} + \boxed{} = \underline{}$

$8 + \boxed{6} = \underline{}$

$8 + \boxed{} + \boxed{} = \underline{}$

Gemischte Aufgaben – Addition

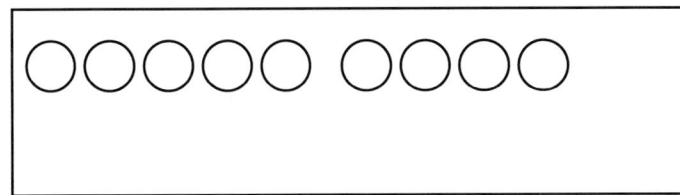

4 + [7] = ___

4 + ☐ + ☐ = ___

Male die fehlenden Plättchen dazu.

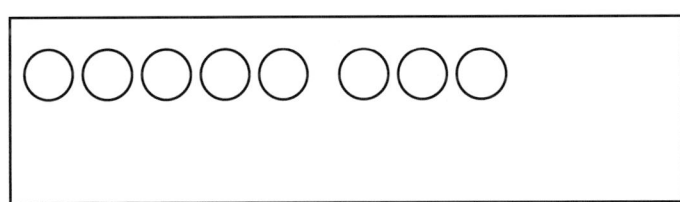

9 + [3] = ___

_____

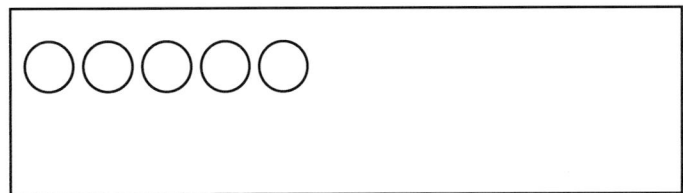

8 + [4] = ___

_____

5 + [9] = ___

_____

Aufgaben für Profis – Addition

7 + 6 = ____
___ + ☐ + ☐ = ____

2 + 9 = ____
___ + ☐ + ☐ = ____

9 + 5 = ____
___ + ☐ + ☐ = ____

3 + 8 = ____
___ + ☐ + ☐ = ____

8 + 7 = ____

4 + 7 = ____

8 + 8 = ____

9 + 4 = ____

9 + 9 = ____

6 + 7 = ____

4 + 8 = ____

6 + 6 = ____

Aufgabe und Tauschaufgabe – Addition

9 + [4] = _____   ↔   4 + 9 = _____

___ + [ ] + [ ] = _____

6 + 7 = _____   ↔   7 + 6 = _____

3 + 9 = _____   ↔   9 + 3 = _____

8 + 7 = _____   ↔   7 + 8 = _____

8 + 4 = _____   ↔   4 + 8 = _____

H. Vogel: Der Zehnerübergang
© Persen Verlag

Wir schreiben Aufgabe und Rechnung (Test) – Addition

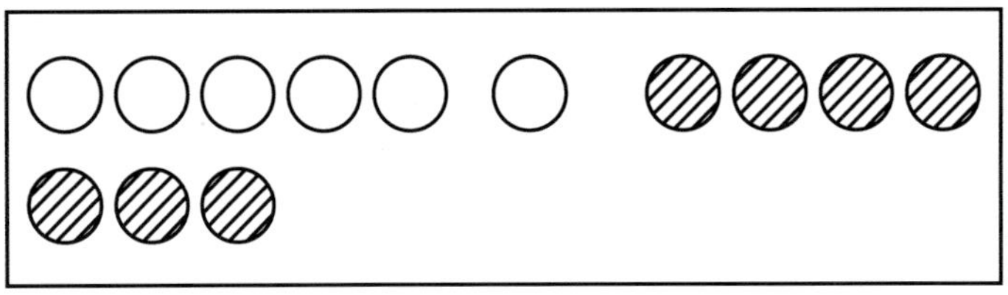

Aufgabe:

Rechnung:

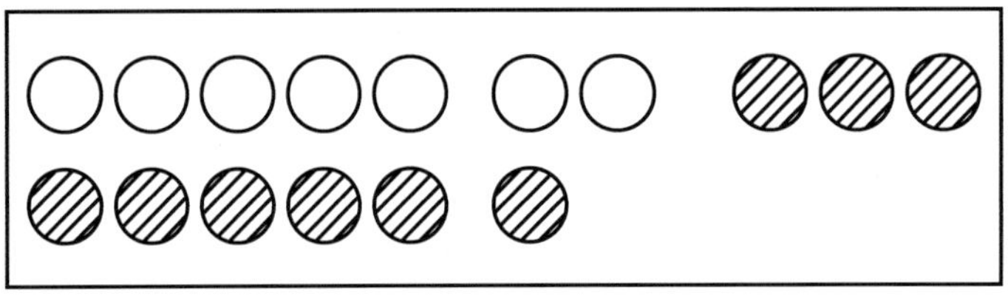

Aufgabe:

Rechnung:

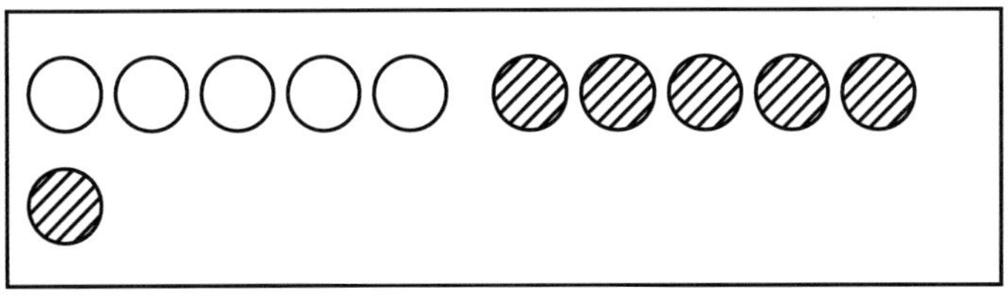

Aufgabe:

Rechnung:

H. Vogel: Der Zehnerübergang
© Persen Verlag

Wir rechnen 11 − 1 − ☐ =

11 − [2] = ___
11 − [1] − ☐ = ___

11 − [3] = ___
11 − [1] − ☐ = ___

11 − [4] = ___
11 − [1] − ☐ = ___

11 − [5] = ___
11 − [1] − ☐ = ___

Wir rechnen 11 – 1 – ☐ =

11 – [6] = ___
11 – [1] – ☐ = ___

11 – [7] = ___
11 – [1] – ☐ = ___

11 – [8] = ___
11 – [1] – ☐ = ___

11 – [9] = ___
11 – [1] – ☐ = ___

Wir rechnen 12 – 2 – ☐ =

⊘⊘⊘⊘⊘ ⊘⊘⊘⊘⊘ ⊘⊘ (5+3 circles, last 2 crossed, then ⊘⊘)	12 – [3] = ___ 12 – [2] – ☐ = ___

12 – [3] = ___

12 – [2] – ☐ = ___

12 – [4] = ___

12 – [2] – ☐ = ___

12 – [5] = ___

12 – [2] – ☐ = ___

12 – [6] = ___

12 – [2] – ☐ = ___

Wir rechnen 12 − 2 − ☐ =

b

| ○○○○○ ⊘⊘⊘⊘⊘ ⊘⊘ |

12 − [7] = ___
     /   \
12 − [2] − ☐ = ___

| ○○○○⊘ ⊘⊘⊘⊘⊘ ⊘⊘ |

12 − [8] = ___
     /   \
12 − [2] − ☐ = ___

| ○○○⊘⊘ ⊘⊘⊘⊘⊘ ⊘⊘ |

12 − [9] = ___
     /   \
12 − [2] − ☐ = ___

Wir rechnen 13 – 3 – ☐ =

13 – [4] = ___

13 – [3] – ☐ = ___

13 – [5] = ___

13 – [3] – ☐ = ___

13 – [6] = ___

13 – [3] – ☐ = ___

Wir rechnen 13 – 3 – ☐ =    b

OOOOO ØØØØØ ØØØ

13 – [7] = ___
13 – [3] – ☐ = ___

OOOOO ØØØØØ ØØØ

13 – [8] = ___
13 – [3] – ☐ = ___

OOOOO ØØØØØ ØØØ

13 – [9] = ___
13 – [3] – ☐ = ___

Wir rechnen 14 − 4 − ☐ =

14 − [5] = ___
14 − [4] − ☐ = ___

14 − [6] = ___
14 − [4] − ☐ = ___

14 − [7] = ___
14 − [4] − ☐ = ___

14 − [8] = ___
14 − [4] − ☐ = ___

Wir rechnen 15 − 5 − ☐ =

15 − 6 = ___

15 − 5 − ☐ = ___

15 − 7 = ___

15 − 5 − ☐ = ___

15 − 8 = ___

15 − 5 − ☐ = ___

15 − 9 = ___

15 − 5 − ☐ = ___

H. Vogel: Der Zehnerübergang
© Persen Verlag

Wir rechnen 16 − 6 − ☐ =

○○○○○ ○○○○⌀ ⌀⌀⌀⌀⌀ ⌀

16 − 7 = ___
16 − 6 − ☐ = ___

○○○○○ ○○○⌀⌀ ⌀⌀⌀⌀⌀ ⌀

16 − 8 = ___
16 − 6 − ☐ = ___

○○○○○ ○○⌀⌀⌀ ⌀⌀⌀⌀⌀ ⌀

16 − 9 = ___
16 − 6 − ☐ = ___

Wir rechnen 11 − ☐ − ☐ =

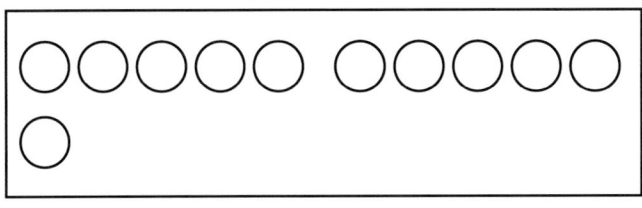

Streiche durch, was weggenommen wird.

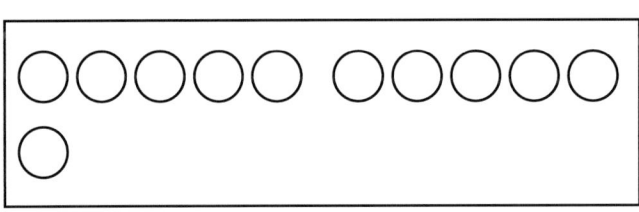

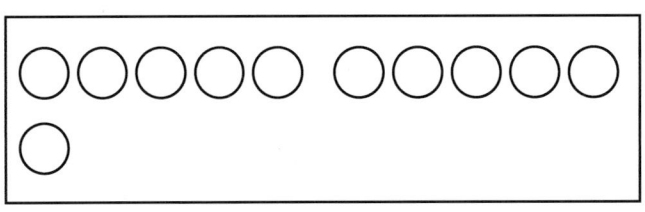

Wir rechnen 12 – ☐ – ☐ =

| ◯◯◯◯◯ ◯◯◯◯⌀ ⌀⌀ | 12 − [3] = ___
 12 − ☐ − ☐ = ___ |

Streiche durch, was weggenommen wird.

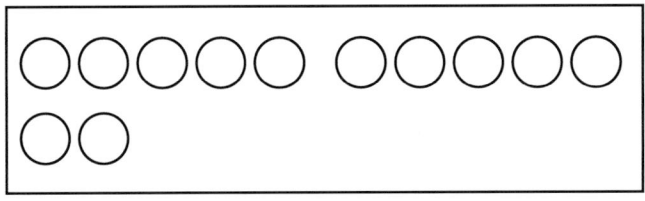

12 − [4] = ___
12 − ☐ − ☐ = ___

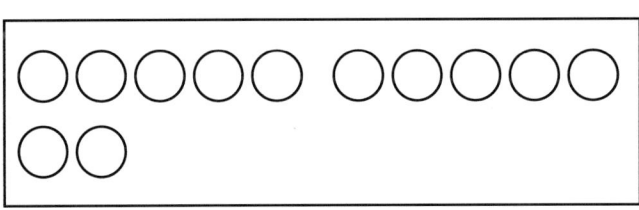

12 − [5] = ___
12 − ☐ − ☐ = ___

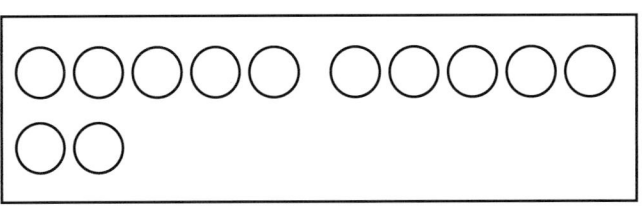

12 − [6] = ___
12 − ☐ − ☐ = ___

Wir rechnen 13 – ☐ – ☐ =

OOOOO OOOO⌀
⌀⌀⌀

13 – 4 = ___

13 – ☐ – ☐ = ___

Streiche durch, was weggenommen wird.

13 – 5 = ___

13 – ☐ – ☐ = ___

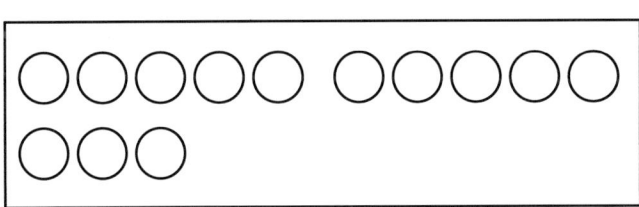

13 – 6 = ___

13 – ☐ – ☐ = ___

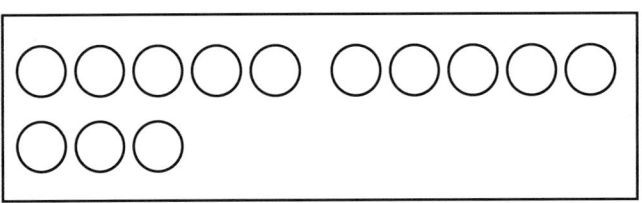

13 – 7 = ___

13 – ☐ – ☐ = ___

Wir rechnen 14 − ☐ − ☐ =

○○○○○ ○○○○⌀
⌀⌀⌀

14 − [5] = ___

14 − ☐ − ☐ = ___

Streiche durch, was weggenommen wird.

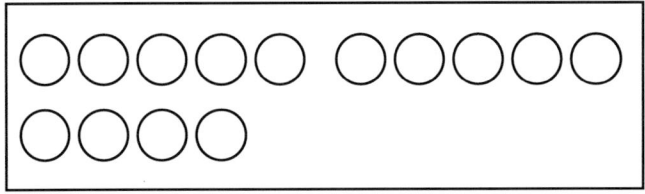

14 − [6] = ___

14 − ☐ − ☐ = ___

14 − [7] = ___

14 − ☐ − ☐ = ___

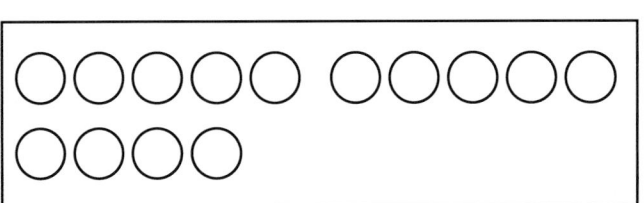

14 − [8] = ___

14 − ☐ − ☐ = ___

Wir rechnen 15 – ☐ – ☐ =

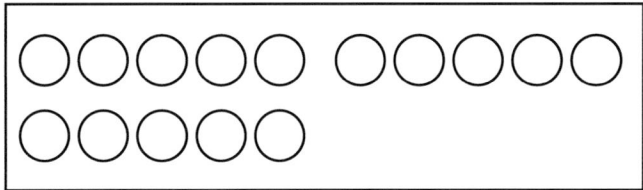

15 – [6] = ___

15 – ☐ – ☐ = ___

Streiche durch, was weggenommen wird.

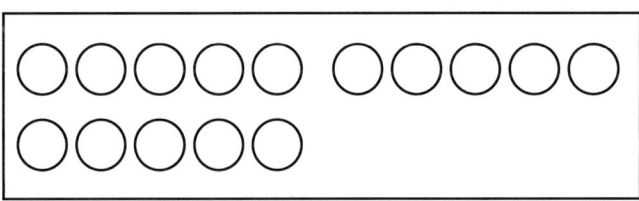

15 – [7] = ___

15 – ☐ – ☐ = ___

15 – [8] = ___

15 – ☐ – ☐ = ___

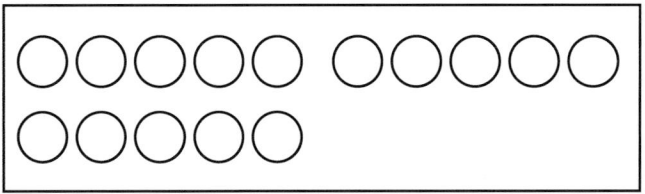

15 – [9] = ___

15 – ☐ – ☐ = ___

Wir rechnen 16 – ☐ – ☐ =

16 – [7] = ___
16 – ☐ – ☐ = ___

Streiche durch, was weggenommen wird.

16 – [8] = ___
16 – ☐ – ☐ = ___

16 – [9] = ___
16 – ☐ – ☐ = ___

H. Vogel: Der Zehnerübergang
© Persen Verlag

Gemischte Aufgaben – Subtraktion

17 − [9] = ___

17 − ☐ − ☐ = ___

Streiche durch, was weggenommen wird.

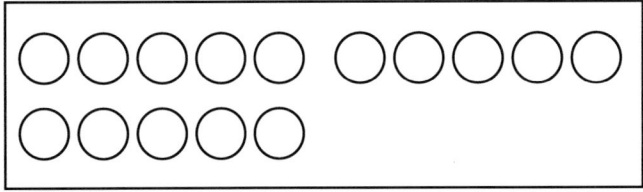

15 − [7] = ___

15 − ☐ − ☐ = ___

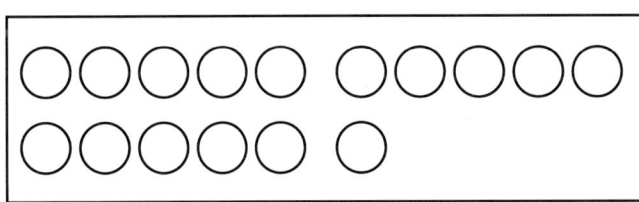

16 − [8] = ___

16 − ☐ − ☐ = ___

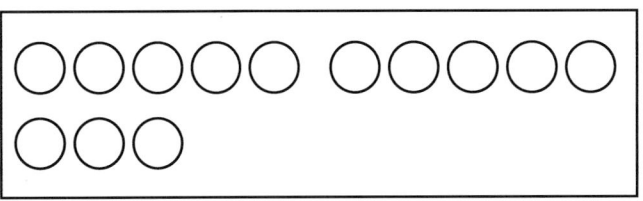

13 − [6] = ___

13 − ☐ − ☐ = ___

Gemischte Aufgaben – Subtraktion

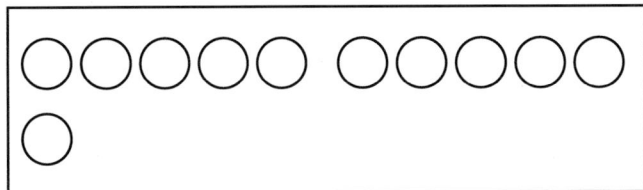

14 − [7] = ___

___ − ☐ − ☐ = ___

Streiche durch, was weggenommen wird.

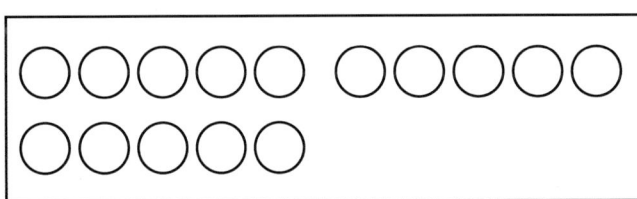

11 − [5] = ___

_____

15 − [8] = ___

_____

12 − [3] = ___

_____

Aufgaben für Profis – Subtraktion

12 − 6 = ____
____ − ☐ − ☐ = ____

16 − 8 = ____
____ − ☐ − ☐ = ____

18 − 9 = ____
____ − ☐ − ☐ = ____

13 − 6 = ____
____ − ☐ − ☐ = ____

14 − 6 = ____

12 − 9 = ____

17 − 8 = ____

15 − 8 = ____

11 − 5 = ____

13 − 7 = ____

15 − 7 = ____

17 − 9 = ____

Wir schreiben Aufgabe und Rechnung (Test) – Subtraktion

	Aufgabe:
○○○○○ ○⊘⊘⊘⊘ ⊘	
	Rechnung:

	Aufgabe:
○○○○○ ○○⊘⊘⊘ ⊘⊘⊘⊘	
	Rechnung:

	Aufgabe:
○○○○○ ○○○○⊘ ⊘⊘⊘⊘⊘ ⊘	
	Rechnung:

H. Vogel: Der Zehnerübergang
© Persen Verlag

Mathe-Orden

Mathe-Orden

Klasse!

_____

hat den Sprung über den Zehner geschafft!

Herzlichen Glückwunsch!

Lösungen

Zahlen addieren – mit dem Ergebnis 10

1 + 9 = 10
2 + 8 = 10
3 + 7 = 10
4 + 6 = 10
5 + 5 = 10

Zahlen addieren – mit dem Ergebnis 10

9 + 1 = 10
8 + 2 = 10
7 + 3 = 10
6 + 4 = 10
5 + 5 = 10

Zahlen subtrahieren – mit dem Ergebnis 10

11 − 1 = 10
12 − 2 = 10
13 − 3 = 10
14 − 4 = 10
15 − 5 = 10

Zahlen subtrahieren – mit dem Ergebnis 10

16 − 6 = 10
17 − 7 = 10
18 − 8 = 10
19 − 9 = 10
20 − 10 = 10

Lösungen

Zahlen zu 10 addieren — a

10 + 1 = 11

10 + 4 = 14

10 + 7 = 17

10 + 5 = 15

10 + 3 = 13

Zahlen zu 10 addieren — b

10 + 2 = 12

10 + 8 = 18

10 + 6 = 16

10 + 9 = 19

10 + 10 = 20

Zahlen von 10 subtrahieren — a

10 − 1 = 9

10 − 2 = 8

10 − 3 = 7

10 − 4 = 6

10 − 5 = 5

Zahlen von 10 subtrahieren — b

10 − 6 = 4

10 − 7 = 3

10 − 8 = 2

10 − 9 = 1

10 − 10 = 0

Lösungen

Wir zerlegen die Zahlen 2, 3, 4 und 5

2 = 1 + 1   ○ ●

3 = 1 + 2   ○ ●●
3 = 2 + 1   ○○ ●

4 = 1 + 3   ○ ●●●
4 = 2 + 2   ○○ ●●
4 = 3 + 1   ○○○ ●

5 = 1 + 4   ○ ●●●●
5 = 2 + 3   ○○ ●●●
5 = 3 + 2   ○○○ ●●
5 = 4 + 1   ○○○○ ●

Wir zerlegen die Zahlen 6 und 7

6 = 1 + 5   ○ ●●●●●
6 = 2 + 4   ○○ ●●●●
6 = 3 + 3   ○○○ ●●●
6 = 4 + 2   ○○○○ ●●
6 = 5 + 1   ○○○○○ ●

7 = 1 + 6   ○ ●●●●●●
7 = 2 + 5   ○○ ●●●●●
7 = 3 + 4   ○○○ ●●●●
7 = 4 + 3   ○○○○ ●●●
7 = 5 + 2   ○○○○○ ●●
7 = 6 + 1   ○○○○○○ ●

Wir zerlegen die Zahl 8

8 = 1 + 7   ○ ●●●●●●●
8 = 2 + 6   ○○ ●●●●●●
8 = 3 + 5   ○○○ ●●●●●
8 = 4 + 4   ○○○○ ●●●●
8 = 5 + 3   ○○○○○ ●●●
8 = 6 + 2   ○○○○○○ ●●
8 = 7 + 1   ○○○○○○○ ●

Wir zerlegen die Zahl 9

9 = 1 + 8   ○ ●●●●●●●●
9 = 2 + 7   ○○ ●●●●●●●
9 = 3 + 6   ○○○ ●●●●●●
9 = 4 + 5   ○○○○ ●●●●●
9 = 5 + 4   ○○○○○ ●●●●
9 = 6 + 3   ○○○○○○ ●●●
9 = 7 + 2   ○○○○○○○ ●●
9 = 8 + 1   ○○○○○○○○ ●

H. Vogel: Der Zehnerübergang
© Persen Verlag

Lösungen

Wir zerlegen die Zahl 10

10 = 1 + 9
10 = 2 + 8
10 = 3 + 7
10 = 4 + 6
10 = 5 + 5
10 = 6 + 4
10 = 7 + 3
10 = 8 + 2
10 = 9 + 1

13

Wir rechnen 9 + 1 + ☐ =

9 + 2 = 11
9 + 1 + 1 = 11

9 + 3 = 12
9 + 1 + 2 = 12

9 + 4 = 13
9 + 1 + 3 = 13

9 + 5 = 14
9 + 1 + 4 = 14

14

Wir rechnen 9 + 1 + ☐ =

9 + 6 = 15
9 + 1 + 5 = 15

9 + 7 = 16
9 + 1 + 6 = 16

9 + 8 = 17
9 + 1 + 7 = 17

9 + 9 = 18
9 + 1 + 8 = 18

15

Wir rechnen 8 + 2 + ☐ =

8 + 3 = 11
8 + 2 + 1 = 11

8 + 4 = 12
8 + 2 + 2 = 12

8 + 5 = 13
8 + 2 + 3 = 13

8 + 6 = 14
8 + 2 + 4 = 14

16

H. Vogel: Der Zehnerübergang
© Persen Verlag

Lösungen

Wir rechnen 8 + 2 + ☐ =

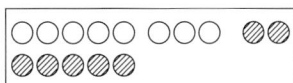   8 + ☐7☐ = 15
             8 + ☐2☐ + ☐5☐ = 15

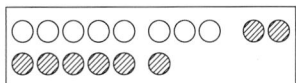   8 + ☐8☐ = 16
             8 + ☐2☐ + ☐6☐ = 16

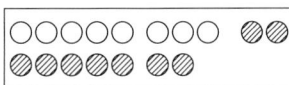   8 + ☐9☐ = 17
             8 + ☐2☐ + ☐7☐ = 17

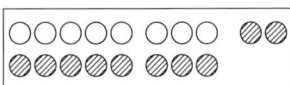   8 + ☐10☐ = 18
             8 + ☐2☐ + ☐8☐ = 18

17

Wir rechnen 7 + 3 + ☐ =

   7 + ☐4☐ = 11
             7 + ☐3☐ + ☐1☐ = 11

   7 + ☐5☐ = 12
             7 + ☐3☐ + ☐2☐ = 12

   7 + ☐6☐ = 13
             7 + ☐3☐ + ☐3☐ = 13

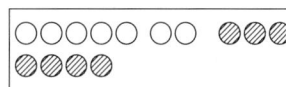   7 + ☐7☐ = 14
             7 + ☐3☐ + ☐4☐ = 14

18

Wir rechnen 7 + 3 + ☐ =

   7 + ☐8☐ = 15
             7 + ☐3☐ + ☐5☐ = 15

   7 + ☐9☐ = 16
             7 + ☐3☐ + ☐6☐ = 16

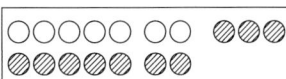   7 + ☐10☐ = 17
             7 + ☐3☐ + ☐7☐ = 17

19

Wir rechnen 6 + 4 + ☐ =

   6 + ☐5☐ = 11
             6 + ☐4☐ + ☐1☐ = 11

   6 + ☐6☐ = 12
             6 + ☐4☐ + ☐2☐ = 12

   6 + ☐7☐ = 13
             6 + ☐4☐ + ☐3☐ = 13

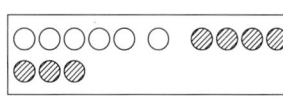   6 + ☐8☐ = 14
             6 + ☐4☐ + ☐4☐ = 14

20

Lösungen

Wir rechnen 5 + 5 + ☐ =

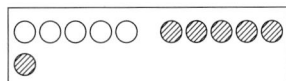 5 + [6] = 11
　　　　　　　　　　　5 + [5] + [1] = 11

5 + [7] = 12
5 + [5] + [2] = 12

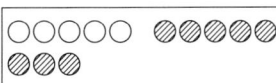 5 + [8] = 13
　　　　　　　　　　　5 + [5] + [3] = 13

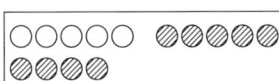 5 + [9] = 14
　　　　　　　　　　　5 + [5] + [4] = 14

21

Wir rechnen 4 + 6 + ☐ =

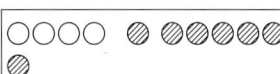 4 + [7] = 11
　　　　　　　　　　　4 + [6] + [1] = 11

4 + [8] = 12
4 + [6] + [2] = 12

4 + [9] = 13
4 + [6] + [3] = 13

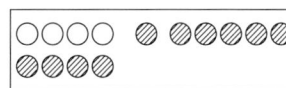 4 + [10] = 14
　　　　　　　　　　　4 + [6] + [4] = 14

22

Wir rechnen 9 + ☐ + ☐ =

9 + [2] = 11
9 + [1] + [1] = 11

Male die fehlenden Plättchen dazu.

9 + [3] = 12
9 + [1] + [2] = 12

 9 + [4] = 13
　　　　　　　　　　　9 + [1] + [3] = 13

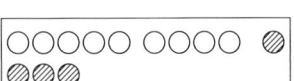 9 + [5] = 14
　　　　　　　　　　　9 + [1] + [4] = 14

23

Wir rechnen 8 + ☐ + ☐ =

 8 + [3] = 11
　　　　　　　　　　　8 + [2] + [1] = 11

Male die fehlenden Plättchen dazu.

8 + [4] = 12
8 + [2] + [2] = 12

 8 + [5] = 13
　　　　　　　　　　　8 + [2] + [3] = 13

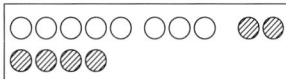 8 + [6] = 14
　　　　　　　　　　　8 + [2] + [4] = 14

24

H. Vogel: Der Zehnerübergang
© Persen Verlag

Lösungen

Wir rechnen 7 + ☐ + ☐ =

7 + [4] = 11
7 + [3] + [1] = 11

Male die fehlenden Plättchen dazu.

7 + [5] = 12
7 + [3] + [2] = 12

7 + [6] = 13
7 + [3] + [3] = 13

7 + [7] = 14
7 + [3] + [4] = 14

25

Wir rechnen 6 + ☐ + ☐ =

6 + [6] = 12
6 + [4] + [2] = 12

Male die fehlenden Plättchen dazu.

6 + [7] = 13
6 + [4] + [3] = 13

6 + [8] = 14
6 + [4] + [4] = 14

6 + [9] = 15
6 + [4] + [5] = 15

26

Wir rechnen 5 + ☐ + ☐ =

5 + [6] = 11
5 + [5] + [1] = 11

Male die fehlenden Plättchen dazu.

5 + [7] = 12
5 + [5] + [2] = 12

5 + [8] = 13
5 + [5] + [3] = 13

5 + [9] = 14
5 + [5] + [4] = 14

27

Wir rechnen 4 + ☐ + ☐ =

4 + [7] = 11
4 + [6] + [1] = 11

Male die fehlenden Plättchen dazu.

4 + [8] = 12
4 + [6] + [2] = 12

4 + [9] = 13
4 + [6] + [3] = 13

4 + [10] = 14
4 + [6] + [4] = 14

28

H. Vogel: Der Zehnerübergang
© Persen Verlag

Lösungen

Gemischte Aufgaben – Addition

7 + [5] = 12
7 + [3] + [2] = 12

Male die fehlenden Plättchen dazu.

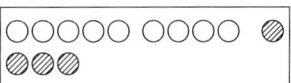

5 + [8] = 13
5 + [5] + [3] = 13

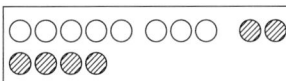

9 + [4] = 13
9 + [1] + [3] = 13

8 + [6] = 14
8 + [2] + [4] = 14

29

Gemischte Aufgaben – Addition

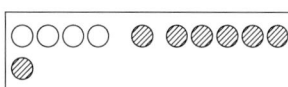

4 + [7] = 11
4 + [6] + [1] = 11

Male die fehlenden Plättchen dazu.

9 + [3] = 12
9 + [1] + [2] = 12

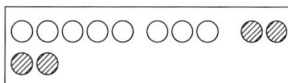

8 + [4] = 12
8 + [2] + [2] = 12

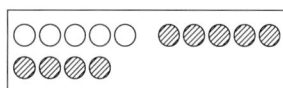

5 + [9] = 14
5 + [5] + [4] = 14

30

Aufgaben für Profis – Addition

7 + [6] = 13	2 + [9] = 11
7 + [3] + [3] = 13	2 + [8] + [1] = 11
9 + [5] = 14	3 + [8] = 11
9 + [1] + [4] = 14	3 + [7] + [1] = 11
8 + [7] = 15	4 + [7] = 11
8 + [2] + [5] = 15	4 + [6] + [1] = 11
8 + [8] = 16	9 + [4] = 13
8 + [2] + [6] = 16	9 + [1] + [3] = 13
9 + [9] = 18	6 + [7] = 13
9 + [1] + [8] = 18	6 + [4] + [3] = 13
4 + [8] = 12	6 + [6] = 12
4 + [6] + [2] = 12	6 + [4] + [2] = 12

31

Aufgabe und Tauschaufgabe – Addition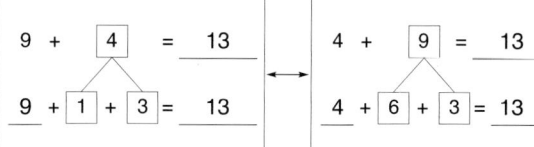

9 + [4] = 13	↔	4 + [9] = 13
9 + [1] + [3] = 13		4 + [6] + [3] = 13
6 + [7] = 13	↔	7 + [6] = 13
6 + [4] + [3] = 13		7 + [3] + [3] = 13
3 + [9] = 12	↔	9 + [3] = 12
3 + [7] + [2] = 12		9 + [1] + [2] = 12
8 + [7] = 15	↔	7 + [8] = 15
8 + [2] + [5] = 15		7 + [3] + [5] = 15
8 + [4] = 12	↔	4 + [8] = 12
8 + [2] + [2] = 12		4 + [6] + [2] = 12

32

H. Vogel: Der Zehnerübergang
© Persen Verlag

Lösungen

Wir schreiben Aufgabe und Rechnung (Test) – Addition

Aufgabe:					
6	+	7			
Rechnung:					
6	+	7		=	
6	+	4	+	3	= 1 3
6	+	7		=	1 3

Aufgabe:					
7	+	9			
Rechnung:					
7	+	9		=	
7	+	3	+	6	= 1 6
7	+	9		=	1 6

Aufgabe:					
5	+	6			
Rechnung:					
5	+	6		=	
5	+	5	+	1	= 1 1
5	+	6		=	1 1

33

Wir rechnen 11 – 1 – ☐ =

11 – [2] = 9
11 – [1] – [1] = 9

11 – [3] = 8
11 – [1] – [2] = 8

11 – [4] = 7
11 – [1] – [3] = 7

11 – [5] = 6
11 – [1] – [4] = 6

34

Wir rechnen 11 – 1 – ☐ =

11 – [6] = 5
11 – [1] – [5] = 5

11 – [7] = 4
11 – [1] – [6] = 4

11 – [8] = 3
11 – [1] – [7] = 3

11 – [9] = 2
11 – [1] – [8] = 2

35

Wir rechnen 12 – 2 – ☐ =

12 – [3] = 9
12 – [2] – [1] = 9

12 – [4] = 8
12 – [2] – [2] = 8

12 – [5] = 7
12 – [2] – [3] = 7

12 – [6] = 6
12 – [2] – [4] = 6

36

H. Vogel: Der Zehnerübergang
© Persen Verlag

Lösungen

Wir rechnen 12 – 2 – ☐ =

12 – [7] = 5
12 – [2] – [5] = 5

12 – [8] = 4
12 – [2] – [6] = 4

12 – [9] = 3
12 – [2] – [7] = 3

Wir rechnen 13 – 3 – ☐ =

13 – [4] = 9
13 – [3] – [1] = 9

13 – [5] = 8
13 – [3] – [2] = 8

13 – [6] = 7
13 – [3] – [3] = 7

Wir rechnen 13 – 3 – ☐ =

13 – [7] = 6
13 – [3] – [4] = 6

13 – [8] = 5
13 – [3] – [5] = 5

13 – [9] = 4
13 – [3] – [6] = 4

Wir rechnen 14 – 4 – ☐ =

14 – [5] = 9
14 – [4] – [1] = 9

14 – [6] = 8
14 – [4] – [2] = 8

14 – [7] = 7
14 – [4] – [3] = 7

14 – [8] = 6
14 – [4] – [4] = 6

H. Vogel: Der Zehnerübergang
© Persen Verlag

Lösungen

Wir rechnen 15 − 5 − ☐ =

 15 − [6] = 9
          15 − [5] − [1] = 9

 15 − [7] = 8
          15 − [5] − [2] = 8

 15 − [8] = 7
          15 − [5] − [3] = 7

 15 − [9] = 6
          15 − [5] − [4] = 6

41

Wir rechnen 16 − 6 − ☐ =

 16 − [7] = 9
          16 − [6] − [1] = 9

 16 − [8] = 8
          16 − [6] − [2] = 8

 16 − [9] = 7
          16 − [6] − [3] = 7

42

Wir rechnen 11 − ☐ − ☐ =

 11 − [2] = 9
           11 − [1] − [1] = 9

Streiche durch, was weggenommen wird.

 11 − [3] = 8
           11 − [1] − [2] = 8

 11 − [4] = 7
           11 − [1] − [3] = 7

 11 − [5] = 6
           11 − [1] − [4] = 6

43

Wir rechnen 12 − ☐ − ☐ =

 12 − [3] = 9
           12 − [2] − [1] = 9

Streiche durch, was weggenommen wird.

 12 − [4] = 8
           12 − [2] − [2] = 8

 12 − [5] = 7
           12 − [2] − [3] = 7

 12 − [6] = 6
           12 − [2] − [4] = 6

44

H. Vogel: Der Zehnerübergang
© Persen Verlag

Lösungen

Wir rechnen 13 – □ – □ =

	13 – [4] = 9
○○○○○ ○○○○○ ⊘⊘⊘	13 – [3] – [1] = 9

Streiche durch, was weggenommen wird.

○○○○○ ○○⊘⊘⊘ ⊘⊘⊘	13 – [5] = 8
	13 – [3] – [2] = 8

○○○○○ ○⊘⊘⊘⊘ ⊘⊘⊘	13 – [6] = 7
	13 – [3] – [3] = 7

○○○○ ○⊘⊘⊘⊘ ⊘⊘⊘	13 – [7] = 6
	13 – [3] – [4] = 6

45

Wir rechnen 14 – □ – □ =

○○○○○ ○○○○ ⊘⊘⊘⊘	14 – [5] = 9
	14 – [4] – [1] = 9

Streiche durch, was weggenommen wird.

○○○○○ ○○○⊘ ⊘⊘⊘⊘	14 – [6] = 8
	14 – [4] – [2] = 8

○○○○○ ○○⊘⊘ ⊘⊘⊘⊘	14 – [7] = 7
	14 – [4] – [3] = 7

○○○○○ ○⊘⊘⊘ ⊘⊘⊘⊘	14 – [8] = 6
	14 – [4] – [4] = 6

46

Wir rechnen 15 – □ – □ =

○○○○○ ○○○○○ ⊘⊘⊘⊘⊘	15 – [6] = 9
	15 – [5] – [1] = 9

Streiche durch, was weggenommen wird.

○○○○○ ○○○○⊘ ⊘⊘⊘⊘⊘	15 – [7] = 8
	15 – [5] – [2] = 8

○○○○○ ○○○⊘⊘ ⊘⊘⊘⊘⊘	15 – [8] = 7
	15 – [5] – [3] = 7

○○○○○ ○○⊘⊘⊘ ⊘⊘⊘⊘⊘	15 – [9] = 6
	15 – [5] – [4] = 6

47

Wir rechnen 16 – □ – □ =

○○○○○ ○○○○○ ⊘⊘⊘⊘⊘ ⊘	16 – [7] = 9
	16 – [6] – [1] = 9

Streiche durch, was weggenommen wird.

○○○○○ ○○○○○ ⊘⊘⊘⊘⊘ ⊘	16 – [8] = 8
	16 – [6] – [2] = 8

○○○○○ ○○○○⊘ ⊘⊘⊘⊘⊘ ⊘	16 – [9] = 7
	16 – [6] – [3] = 7

48

Lösungen

Gemischte Aufgaben – Subtraktion a

17 − 9 = 8
17 − 7 − 2 = 8

Streiche durch, was weggenommen wird.

15 − 7 = 8
15 − 5 − 2 = 8

16 − 8 = 8
16 − 6 − 2 = 8

13 − 6 = 7
13 − 3 − 3 = 7

49

Gemischte Aufgaben – Subtraktion b

14 − 7 = 7
14 − 4 − 3 = 7

Streiche durch, was weggenommen wird.

11 − 5 = 6
11 − 1 − 4 = 6

15 − 8 = 7
15 − 5 − 3 = 7

12 − 3 = 9
12 − 2 − 1 = 9

50

Aufgaben für Profis – Subtraktion

12 − 6 = 6   16 − 8 = 8
12 − 2 − 4 = 6   16 − 6 − 2 = 8

18 − 9 = 9   13 − 6 = 7
18 − 8 − 1 = 9   13 − 3 − 3 = 7

14 − 6 = 8   12 − 9 = 3
14 − 4 − 2 = 8   12 − 2 − 7 = 3

17 − 8 = 9   15 − 8 = 7
17 − 7 − 1 = 9   15 − 5 − 3 = 7

11 − 5 = 6   13 − 7 = 6
11 − 1 − 4 = 6   13 − 3 − 4 = 6

15 − 7 = 8   17 − 9 = 8
15 − 5 − 2 = 8   17 − 7 − 2 = 8

51

Wir schreiben Aufgabe und Rechnung (Test) – Subtraktion

Aufgabe:
1 1 − 5

Rechnung:
1 1 − 5 =
1 1 − 1 − 4 = 6
1 1 − 5 = 6

Aufgabe:
1 4 − 7

Rechnung:
1 4 − 7 =
1 4 − 4 − 3 = 7
1 4 − 7 = 7

Aufgabe:
1 6 − 7

Rechnung:
1 6 − 7 =
1 6 − 6 − 1 = 9
1 6 − 7 = 9

52